U0038825

— 了不起的小发明 —

〔法〕拉斐尔·费伊特　著/绘
董翀翎　译

中国科学技术大学出版社

笔是一项非常古老的发明，不过在古代，它可是和我们现在所熟悉的笔长得不一样。在刚刚开始书写的时候，人们用削得尖尖的芦苇在泥板上刻字。

之后，人们用芦苇杆蘸取墨水，以便更加快速地书写。

在古埃及，做记录的人被称作“抄写员”。抄写员非常重要：他们要记录法老的日常生活和他所说的每一句话。

经过上千年，抄写员记录了日常发生的所有事情。比如，只要有战争，他们就要记录谁取得了胜利以及死亡的人数。

哎！慢点！
我都来不及记录了！

有一天，人们发现用鹅的羽毛可以写得更细更好看。中世纪，僧侣们会用这种笔来抄写书籍，人们称他们为“抄写僧”。

这是一项既耗时又辛苦的工作，因为那个时代既没有复印机也没有打印机！

作家们非常喜欢鹅毛笔，他们用鹅毛笔书写了很多故事、戏剧和诗歌。

但是，鹅毛笔有一个缺点：因为它损耗很快，所以需要经常削笔尖，并且要不停地换新的鹅毛！

一天，美国珠宝店的一位工匠佩里格林·威廉姆森为他的老板削笔累惨了，于是他努力尝试，想要找到一个既省时又省力的好方法。

当他去制钢厂拜访朋友时，突然想到了一个好主意：如果笔尖用钢来做，磨损不就慢多了吗?

这真是个
好主意，一个
绝妙的好主意！
我终于
可以休
息了！

经过多次尝试后，他终于成功地把金属笔头固定在了小木棒上。之后，英国人改进了佩里格林·威廉姆森的蘸水笔，让墨水更加顺畅地流出来。

几年后，罗马的一位工程师发明了内置储水槽的钢笔。不过那玩意儿漏墨很严重，令人很烦恼，尤其是对一位名叫刘易斯·沃特曼的美国保险经纪人来说，更是烦恼无比，因为他每天都要签很多份合同。

于是，沃特曼决定自己改良这款钢笔。但遗憾的是墨水要么太稀总是渗漏，要么太稠无法从笔尖流出。

沃特曼感到非常羞愧，他苦思冥想，坚持要找到一个书写流畅且不会漏墨的办法。

当他声称找到解决方案的时候，大家都惊呆了。不过，在沃特曼打算用他改良的新钢笔签合同的时候，他的钢笔“翻车”了！

于是，沃特曼决定自己改良这款钢笔。但遗憾的是墨水要么太稀总是渗漏，要么太稠无法从笔尖流出。

几年后，罗马的一位工程师发明了内置储水槽的钢笔。不过那玩意儿漏墨很严重，令人很烦恼，尤其是对一位名叫刘易斯·沃特曼的美国保险经纪人来说，更是烦恼无比，因为他每天都要签很多份合同。

又经过几个月的研究，他终于成功地制造出一支完美的钢笔——既不会漏墨，又书写流畅。

这一次，他去签合同的时候，再也没有人嘲笑他了。

渐渐地，在那些需要大量书写复杂计算的数学家那里，钢笔受到了前所未有的欢迎。

在这个时期，钢笔是一件非常珍贵的物品。它用珍稀的木材制成，并且有精美的装饰，所以非常昂贵。

有一天，匈牙利记者拉斯洛·比罗看到一群在水洼旁玩弹珠的孩子。聪明的他想到了一个可以让钢笔的价格便宜很多的好办法。

他发现当弹珠经过水坑后，在滚过的地面上会留下一条细小而清晰的痕迹，这时……他突然想到了一个精妙绝伦的主意——只要在钢笔上安装同样的机关就可以了！

他在笔头安装了一颗细小的钢珠代替钢笔尖。当书写的时候，小钢珠转动，会在纸上印下一点点油墨，就和孩子们扔出弹珠时留下的水痕一模一样！

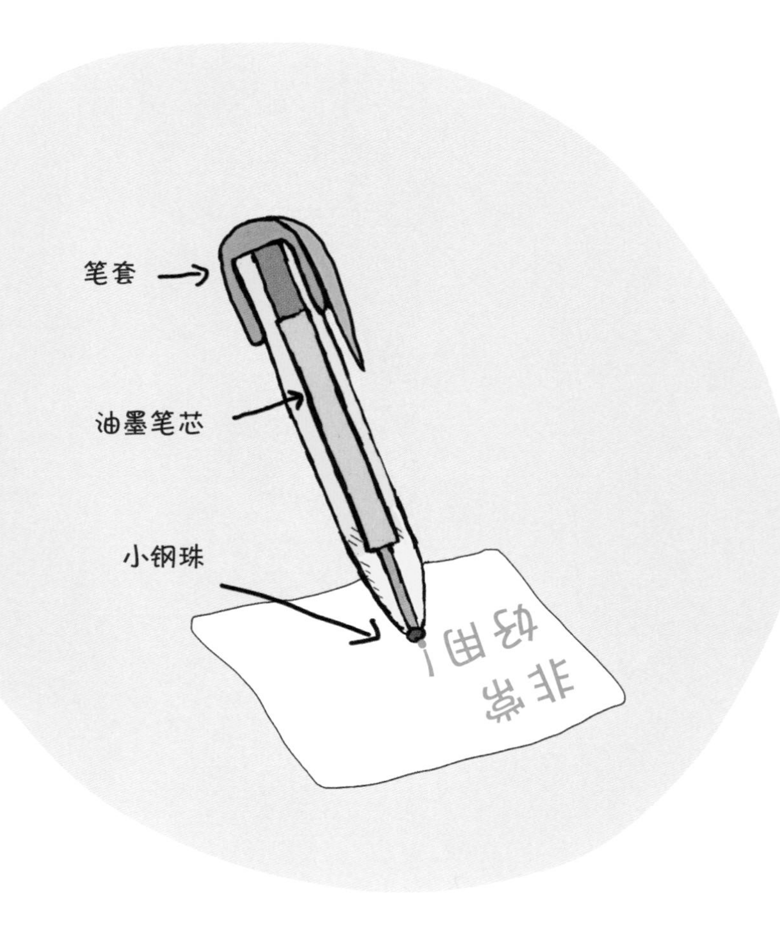

比罗决定给他的发明取名为——圆珠笔！

几年后，法国墨水生产商比希男爵认为这个发明非常有才华，于是他购买了比罗的专利。

之后他决定制造一种一次性圆珠笔：这种笔非常便宜，以至墨水用尽后，都不需要再去购买笔芯，而是可以直接将笔丢到垃圾桶里！

他称这种笔为“比克笔”。

比克笔在世界上很多国家都获得了巨大的成功……不过在中国和日本却遭遇了挫败，因为这两个国家的人们习惯用毛笔写字。于是，一家日本公司发明了一种新笔，用毛毡代替圆珠，人们叫它毡头笔！

毡头笔可以用很多不同颜色的墨水。很快，毡头笔成为了孩子们的最爱，因为可以用来涂漂亮的颜色。

今天，大部分的人都喜欢使用圆珠笔书写。

全世界的工厂每年都会制造数不清的圆珠笔!

那么你呢？你最喜欢的

圆珠笔

是什么样的呢？

现在你已经了解有关圆珠笔这项发明的全部知识了！

不过你还记得我们讲过哪些内容吗？

让我们通过“记忆游戏”来检查自己记住了多少吧！

记忆游戏

❶ 在法老时代，人们把做记录的人叫作什么？

抄写员

❷ 书中提到哪种动物的羽毛可以用来书写？

鹅

❸ 比希男爵给他的一次性圆珠笔起名叫什么？

比克笔

❹ 拉斯洛·比罗是如何获得制造圆珠笔的灵感的？

看到玩弹珠的孩子

❺ 书中提到了哪些种类的笔？

鹅毛笔、钢笔、圆珠笔、毡头笔

安徽省版权局著作权合同登记号：第12201950号

图书在版编目（CIP）数据

了不起的小发明.圆珠笔/（法）拉斐尔·费伊特著绘；董翀翎译. —合肥：中国科学技术大学出版社，2020.8
ISBN 978-7-312-04940-8

Ⅰ.了…　Ⅱ.①拉…　②董…　Ⅲ.创造发明—世界—儿童读物　Ⅳ.N19-49

中国版本图书馆CIP数据核字（2020）第068263号

出版　中国科学技术大学出版社
安徽省合肥市金寨路96号，230026
http://press.ustc.edu.cn
https://zgkxjsdxcbs.tmall.com
印刷　鹤山雅图仕印刷有限公司
发行　中国科学技术大学出版社
经销　全国新华书店
开本　710 mm × 1000 mm　1/16
印张　2
字数　25千
版次　2020年8月第1版
印次　2020年8月第1次印刷
定价　28.00元